2

TRAITÉ

SUR

LA THÉORIE ET LA PRATIQUE

DU NIVELLEMENT.

Note pour servir à rectifier le Catalogue de la bibliothèque Royale.

La deuxième édition du traité sur la théorie et la pratique du nivellement, annoncée par le général Lespinasse, dans l'introduction ci-jointe, n'a point paru. Il n'existe que la première édition.

=

TRAITÉ
SUR
LA THÉORIE ET LA PRATIQUE
DU NIVELLEMENT,

A L'USAGE DES ÉCOLES DE L'ARTILLERIE,
DU GÉNIE, ET DES PONTS ET CHAUSSÉES;

PAR LE GÉNÉRAL LESPINASSE,
SÉNATEUR, ET GRAND-OFFICIER DE LA LÉGION D'HONNEUR.

NOUVELLE ÉDITION CONSIDÉRABLEMENT AUGMENTÉE.

A PARIS,
DE L'IMPRIMERIE DE P. DIDOT L'AINÉ.
AN XII. — M. DCCCIV.

INTRODUCTION.

Si la nuit des temps, toujours favorable à la réputation des anciens peuples, nous avoit dérobé les moyens qu'ils employoient pour exécuter les nivellements d'après lesquels ils projetoient leurs canaux, leurs grands chemins, et tant d'autres beaux ouvrages dont nous admirons encore les restes échappés au temps et à la barbarie, nous pourrions penser que leurs méthodes de niveler étoient supérieures aux nôtres; mais il s'en faut bien que nous soyons fondés à en avoir cette idée. Les Romains ont sur-tout fait construire avec magnificence dans les différentes parties de leur empire des aqueducs et des conduites d'eau dont la hardiesse et la durée nous étonnent; mais l'histoire nous apprend que ces ouvrages immenses, entrepris par ostentation (1) plutôt que pour les besoins des peuples (2), exécutés

(1) On peut dire de la plupart des aqueducs des Romains, plus souvent des monuments de luxe que des ouvrages utiles, ce que Pline disoit des pyramides d'Egypte, qu'il appeloit une vaine et ridicule ostentation de richesses, *pecuniæ otiosa et stulta ostentatio.* (Lib. 26, cap. 12.)

(2) Pour en citer un exemple, le fameux pont du Gard avoit été construit, de l'aveu même d'un des plus zélés partisans des

par les moyens les plus pénibles et les plus lents, plusieurs fois interrompus par des obstacles que l'art encore dans son enfance n'avoit pu prévoir, repris en tremblant, et continués sans aucune certitude de succès, souvent même recommencés en entier, sont plutôt des monuments de la puissance d'un peuple nombreux dont les efforts multipliés ne devoient rien trouver d'invincible, que des preuves de l'excellence des moyens employés pour les mettre à exécution.

Il faut des siecles pour perfectionner les moindres ouvrages de l'homme. En effet, soit que dans les arts les plus à notre portée nous suivions, à partir de l'origine du monde, la progression pénible des idées des inventeurs, soit que, parcourant plus ra-

ouvrages des Romains (Linguet, Canaux navigables, Paris, 1759), simplement pour amener des eaux dans un lieu qui n'en manquoit pas.

Entre Metz et Pont-à-Mousson, on voit encore les ruines d'un superbe aqueduc construit par Drusus, pere de Germanicus, pour conduire des eaux dans la naumachie placée près de Metz. Cet aqueduc, qui en certains endroits passoit sous terre, et en d'autres s'élevoit à une hauteur considérable au-dessus de la campagne, traversoit la Moselle, et laissoit les maisons du village de Jouy au-dessous de lui. Quelques arches de ce monument, encore debout, ont près de soixante pieds de hauteur sous clef. Quelles prodigieuses dépenses pour le seul plaisir d'amuser les Romains par de vains spectacles!

pidement l'histoire des progrès des sciences et des arts, nous embrassions d'une seule vue la succession tardive des découvertes de tous les âges, est-il un seul objet de nos recherches, de nos méditations, de nos études les plus profondes, où nous ayions atteint le but proposé? par-tout, au contraire, combien ne sommes-nous pas au-dessous du plus simple énoncé des questions que nous nous sommes données à résoudre! Quelle lenteur dans la marche de l'esprit humain! quel intervalle immense entre ce que nous avons fait et ce qu'il nous reste à faire! le temps seul peut combler cet abyme. Sur les monceaux de nos essais, de nos compilations, de nos encyclopédies, versés dans ce gouffre sans fond où disparoissent les productions sans génie, nos neveux, instruits par nos erreurs, éleveront des ouvrages plus parfaits, des ouvrages que la postérité consacrera dans ses fastes. Le monde ne s'instruit qu'en vieillissant.

Mais, dira-t-on, d'où a donc pu dépendre durant tant de siecles la perfection d'un art aussi simple que celui du nivellement? demandoit-il des connoissances mathématiques transcendantes? Non, puisqu'il n'exigeoit que les purs éléments de la géométrie; mais il supposoit des instruments propres à ses opérations. Ici reconnoissons les bornes de notre esprit. Il est des sciences et des arts où la tête fait tout, parceque tout y est combinaison d'idées, comme dans la métaphysique, ou de proportions, comme dans la peinture et l'architecture, ou de formes d'ouvrages, comme dans la fortification, etc.; d'autres où il faut des instruments ou moyens d'opérer, comme dans la chirurgie, la navigation, le nivellement, l'astronomie, etc., parceque là ce n'est pas seulement la pensée qui agit, mais la main de l'homme, l'outil, l'instrument dirigé par la pensée. Or ces instruments ou moyens matériels ou passifs d'exécuter les arts, que l'homme pensant met dans les mains de l'homme agissant, ou, ce qui est le même, que l'*homme pensée* fournit à l'*homme instrument lui-même* (1), et sans lesquels les plus sublimes théories ne seroient d'aucune utilité, puisqu'elles ne pourroient être mises en pratique, sont toujours ce que nous imaginons le plus difficilement, si même nous l'imaginons, puisque c'est la plupart du temps au hasard que nous en devons les découvertes. Et à quels hommes encore ces moyens quelquefois si simples de perfectionner les arts viennent-ils se présenter? souvent aux êtres les moins pensants. Un ignorant ouvrier de Zélande trouve les propriétés des lunettes d'approche, et sans y songer fournit aux Cassini, aux Huyghens, aux Lacaille, etc. le moyen de porter au plus haut point la science sublime de l'astronomie. La boussole, l'imprimerie, l'horlogerie, ont été trouvées de même (2) par des hommes qui les cherchoient si peu qu'il

(1) Buffon appelle l'homme un instrument intelligent.

(2) Dans le quatorzieme siecle.

n'existe aucun monument qui prouve qu'ils aient jamais connu les présents qu'ils ont faits au monde.

L'homme n'invente point; et si, comme nous venons de le dire, il rencontre quelquefois des vérités jusqu'alors inconnues, c'est qu'elles venoient se présenter à lui. Newton ne pense point au système du monde, quoiqu'y pensant toujours; un gland tombe du chêne sous lequel il repose, et l'avertit, par sa chûte, que c'est dans la gravitation des corps qui tombent librement que réside la cause du mouvement de la terre et des autres planetes autour de leur centre commun. Telle est la destinée de l'homme, qu'il faut que ce soit la vérité qui le cherche, le frappe, et lui fasse enfanter, comme malgré lui, ce que nous appelons une découverte.

Tout ce que nous pouvons donc faire pour les progrès des sciences et des arts, puisque nous n'imaginons pas, c'est de nous préparer par l'étude des rapports que nous connoissons à saisir ceux que le hasard ou la fortune, à laquelle nous ne commandons point, nous présente de loin en loin, ou de siecles en siecles. S'il arrive que le trait de lumiere frappe un esprit doué d'une certaine intelligence, c'est alors la chûte heureuse du gland, qui, ne tombant qu'au seul moment où il puisse le faire dans l'ordre des évènements auxquels celui qui devoit amener sa chûte est lui-même lié, semble néanmoins avoir le secret de la nature, et se détacher exprès de l'arbre pour chercher le seul homme auquel il étoit réservé de tirer d'un évènement aussi simple le parti sublime d'éclairer l'univers. Mais qu'un hasard aussi utile aux sciences est rare! et pour une ſois que le gland rencontre la tête d'un Newton, combien ne ſrappe-t-il pas de stupides qui, ne pouvant ni se rendre compte de ce qu'ils éprouvent, ni le communiquer aux autres, ensevelissent, ou, pour mieux dire, éteignent avec eux des idées qui ne reparoîtront plus, ou ne reviendront tout au plus qu'après la révolution d'une infinité de siecles, combinées avec d'autres, et sous d'autres rapports? je dis combiné avec d'autres et sous d'autres rapports, par la raison que la même situation de l'univers, et par conséquent les mêmes impressions des objets extérieurs sur nos organes, ne peuvent se représenter deux ſois; ce qu'il ſaudroit cependant pour que nous pussions avoir deux ſois la même idée, c'est-à-dire sans altération, nuances, ou modifications.

Mais où m'emportent ces réflexions sur l'existence mobile et continuellement changeante de l'être en général? Reprenons l'histoire du nivellement.

Une piece de bois de vingt pieds de long (environ six metres cinquante centimetres), dans le dessus de laquelle étoit creusé un canal qu'on avoit soin d'entretenir plein d'eau, quelques plombs qui pendoient aux côtés, et servoient à placer l'instrument horizontalement; tel étoit le chorobate ou niveau des Romains (1). Pour se servir de cet instrument ils le transportoient de vingt en vingt pieds, et niveloient ainsi toute l'étendue du terrain dont ils vouloient connoître les inégalités.

Outre les peines et la dépense inséparables d'une méthode d'opérer aussi lente, on voit aisément que l'erreur la plus légere sur chaque coup de niveau devoit nécessairement se multiplier à la longue, et devenir très considérable au bout d'un nivellement de long cours.

Qu'un moyen de niveler aussi grossier, aussi sujet à erreur, ait été celui des premiers cultivateurs ou plutôt des premiers bergers pour amener l'eau des montagnes voisines dans les pâturages où ils rassembloient leurs troupeaux, c'est une suite de l'imperfection des arts dans les premiers âges; mais qu'on ait continué à niveler de cette maniere chez les peuples qui dans la suite ont passé pour être les plus instruits, c'est ce qu'on a peine à comprendre.

Aussi voyons-nous par les Lettres de Pline combien les Romains, si instruits d'ailleurs dans les arts, étoient peu sûrs d'exécuter les aqueducs ou autres ouvrages de ce genre, que souvent ils entreprenoient si inconsidérément : toujours en garde contre les nivellements où ils croyoient avoir apporté le plus de soin, ils n'osoient tenter aucune conduite d'eau

(1) Vitruve, lib. 8, cap. 6.

que lorsqu'ils avoient beaucoup plus de pente qu'il ne leur en falloit pour l'exécuter. La vraie science du nivellement eût été de savoir conduire les eaux dès qu'il étoit possible de les conduire (1).

Mais ils ne songeoient qu'à la conquête du monde, et, plus guerriers qu'artistes, ils aimoient mieux, esclaves timides des routines grossieres de leurs prédécesseurs, laisser traîner le chorobate à leurs légions endurcies aux travaux, que de leur donner des instruments plus légers à transporter, ce qui n'auroit pas assez fatigué leur jeunesse, qu'ils craignoient d'amollir par des exercices trop doux; comme si les ressources des arts qui allegent le travail excluoient le courage! Par une erreur semblable et digne des siecles de barbarie combien d'autres peuples ont cru, comme les Romains, conserver l'empire en se défendant des

(1) La quarante-sixieme lettre de Pline à l'empereur Trajan est conçue en ces termes (je me sers ici de la traduction de M. de Sacy): « Les habitants de Nicomédie, seigneur, ont dé- « pensé pour se faire un aqueduc trois millions de sesterces. « Cet ouvrage a été laissé imparfait, et même est détruit. On « en a depuis commencé un autre, et on y a mis deux millions « de sesterces. Il a encore été abandonné, et il faut que ces « gens qui ont si mal employé leur argent fassent une nouvelle « dépense s'ils veulent avoir de l'eau, etc. »

Voilà où en étoit le nivellement chez les Romains. Avec le moins exact des niveaux que nous avons actuellement entre les mains, aucuns de leurs acqueducs ou autres ouvrages de ce genre ne seroient restés imparfaits.

charmes des arts? Il étoit réservé aux Français de savoir les cultiver tous sans s'y laisser soumettre.

C'est au génie industrieux de cette nation savante, c'est à son beau siecle, qu'il sembloit que tous les arts attendissent pour se perfectionner, que le nivellement doit ses progrès les plus rapides. Le célebre M. Picard est le premier qui ait pénétré les secrets de cet art difficile. Il mesuroit l'arc du méridien compris entre les paralleles d'Amiens et de Malvoisine dans les confins du Gâtinois (1). Quelque bien exécutée que pût être cette opération, elle ne pouvoit remplir le but proposé qu'en donnant la mesure d'un courbe exactement appliquée sur l'arc correspondant du méridien terrestre. Ainsi on sentoit qu'à mesure qu'on formeroit la chaîne des triangles qui devoient embrasser l'intervalle des paralleles, on seroit obligé de réduire leurs angles et leurs côtés au plan de l'horizon réel, ou, ce qui est le même, à la convexité de la surface de la mer, à cause de la distinction qu'il falloit faire dans la mesure projetée de la ligne du niveau apparent qui suit la tangente, d'avec celle du niveau vrai qui suit la circonférence de la terre. Cette distinction nécessaire dans le travail à faire, et les fréquents nivellements qu'elle devoit occasionner pour amener, ou, pour mieux dire, plier

(1) Ce fut en 1669 que M. Picard commença cette fameuse mesure.

les mesures trigonométriques terrestres à la courbure du globe, supposant des moyens de niveler moins fautifs que ceux des anciens, ce fut à cette occasion que le nivellement s'affranchit des entraves du chorobate, et qu'il reçut des mains habiles des Français les niveaux ingénieux d'où dépendoit sa perfection.

Au chorobate on avoit d'abord substitué un niveau à pinnules. Cet instrument donnoit à la vérité plus de portée aux coups de niveau; mais il pouvoit égarer dans la pratique, en ce que les trous faits aux pinnules ayant toujours un certain diametre, le rayon visuel qui passoit par ces trous pouvoit différer sensiblement de celui qui se confondoit avec leur axe, en sorte qu'on n'étoit jamais assuré du vrai point de mire, même à de petites distances. Ce défaut étoit trop essentiel pour ne pas inspirer l'envie d'y remédier.

M. Picard y parvint en substituant aux trous des pinnules deux petits châssis garnis l'un et l'autre de deux fils très déliés qui se croisoient dans la ligne de mire, l'un horizontalement, l'autre verticalement.

Les pinnules percées avoient été laissées à découvert. M. Picard plaça les croisées des filets qui devoient remplacer ces pinnules aux extrémités et en dedans d'un tube ou tuyau d'une matiere quelconque, comme pour diriger l'œil de l'observateur, et l'aider à saisir plus précisément les sections des filets; un second tuyau perpendiculaire au premier, et garni d'un fil à-plomb, servit à diriger la ligne de mire tengentiellement à la terre.

Telle fut la premiere idée du niveau que M. Picard proposa de substituer à ceux dont nous venons de parler. Ce dernier instrument étoit sans doute préférable aux premiers, en ce qu'il avoit la propriété essentielle d'annoncer une ligne horizontale précise, mais on ne pouvoit encore s'en servir que pour des nivellements de peu d'étendue, et non dans la mesure de la terre, où l'on étoit souvent dans le cas d'avoir des distances considérables à niveler.

Il fallut donc à la propriété qu'avoit le nouvel instrument de fixer sans incertitude deux points précis par où devoit passer le rayon visuel, ajouter encore celle de faire mieux distinguer le point de mire à des distances éloignées.

Les lunettes d'approche en offrirent bientôt un moyen: garnies à leurs extrémités et en dedans des verres de deux fils de vers à soie qui se croisoient dans la ligne de mire, elles fixoient invariablement le rayon visuel par les intersections des filets, et étendoient à une très grande distance la portée du rayon visuel au moyen des verres convexes qui grossissoient les objets et les faisoient paroître plus grands qu'à la simple vue. Tant d'avantages réunis invitoient à les adapter aux niveaux; ce fut précisément ce que fit M. Picard, plaçant dans le tuyau horizontal destiné à diriger le rayon visuel une lunette d'approche, et rendant l'axe de cette lunette susceptible de se mettre aisément à angle droit avec le fil à-plomb qu'enfermoit le tuyau vertical formant l'autre branche de la croix du niveau.

Ainsi la précision que cet habile académicien voulut mettre dans les nivellements qu'il étoit obligé de faire pour obtenir de sa mesure de la terre le vrai résultat qu'il en devoit attendre, fut l'heureuse occasion de l'invention de son niveau.

Il est difficile de ne pas interrompre encore ici l'histoire du nivellement, et de ne pas se demander comment un niveau aussi aisé à concevoir que celui qu'on vient de décrire a pu être aussi long-temps attendu, comment il n'a pas été imaginé par les anciens, qui, étant instruits de la rondeur de la terre, puisqu'ils prédisoient les éclipses, n'ignoroient pas qu'on ne pouvoit niveler à de grandes distances sans tenir compte, comme nous venons de le dire, de la différence du niveau apparent au niveau vrai, et par conséquent sans avoir un instrument au moyen duquel on pût à chaque station diriger la ligne de mire tengentiellement à la terre. Le moyen de trouver cette tangente en lui faisant faire un angle droit avec un fil à-plomb étoit-il si difficile à trouver? n'étoit-il pas indiqué par la construction du niveau le plus vulgaire, du niveau que la nécessité si ancienne et si fréquente de bâtir mettoit tous les jours entre les mains des ouvriers les plus grossiers? Deux regles de bois faisant un angle à volonté, et un fil à-plomb pendant du sommet de cet angle perpendiculairement sur sa base, avoient formé le niveau des maçons: les deux mêmes regles croisées à angle droit, et le même fil à-plomb pendant du haut de l'une des deux branches perpendiculairement sur l'autre, pouvoient également former le niveau de M. Picard, que le temps auroit ensuite perfectionné.

Si l'idée d'une construction aussi peu compliquée s'est présentée si tard à l'entendement humain, si elle n'a été saisie ni par un Pythagore qui avoit trouvé le rapport de la base du triangle rectangle à ses côtés, ni par un Archimede à qui nous devons celui du cylindre à la sphere, ni plus anciennement par Anaximandre, qui ayant le premier conçu le projet de mesurer la terre, avoit dû sentir que cette opération exigeroit des nivellements qu'il ne pourroit faire avec le chorobate; il faut que dans notre esprit il y ait bien loin des idées simples, qui sont la base de certains arts, à l'invention des instruments qui pourroient le plus contribuer à la perfection de ces mêmes arts.

Mais reprenons encore une fois l'histoire si souvent interrompue du nivellement, et, sans plaindre davantage les anciens de l'imperfection où ils l'ont laissé, suivons les progrès de cet art manié désormais par des mains non moins savantes et plus heureuses.

Le succès brillant du niveau de M. Picard dans sa mesure de la terre fut comme le signal qu'il sembloit que les savants attendissent pour concourir avec lui à la perfection des instruments du nivellement. MM. de la Hire, de Romer, Huguens, etc. imaginerent à l'envi les niveaux les plus propres aux opérations du nivellement.

Mais tandis que nous parlons M. Picard a fini ses opérations trigonométriques: corrigées à mesure par celles de l'astronomie, et confirmées par le nivellement, elles lui ont donné pour chacun des côtés de ses triangles l'arc correspondant sur la convexité du globe, soit dans le sens du méridien, soit dans celui de l'équateur, soit obliquement à l'un et à l'autre. Le résultat est le degré compris entre les paralleles d'Amiens et de Malvoisine; le problême est résolu.

La circonférence de la terre conclue du degré connu (1), et son diametre plus sévèrement calculé

(1) Du degré de M. Picard nous lui faisons conclure la circonférence de la terre en tout sens, parcequ'on pensoit encore de son temps que la terre étoit sensiblement ronde, et que d'ailleurs les observations, les voyages, et les mesures qu'on a faites depuis pour déterminer la figure de cette planete, apprennent que son aplatissement vers les pôles est si peu considérable, qu'on peut le compter pour rien sans qu'il en puisse résulter d'erreur sensible dans la pratique des arts intéressés à connoître le rapport des deux axes, et sur-tout dans le nivellement, qui est l'objet de cet ouvrage.

que n'avoient pu le faire les anciens, on fut en état de déterminer plus exactement qu'eux la circonférence de la terre, que l'astronomie, la navigation, et le nivellement étoient intéressés à connoître; le nivellement, pour en déduire le rapport du niveau apparent au niveau vrai.

Ce rapport trouvé et les moyens de niveler devenus plus parfaits, on put alors tenter les opérations de cet art les plus difficiles: aussi vit-on bientôt, dit M. de Fontenelle, « des miracles des nouveaux « instruments dans des nivellements très longs et « très pénibles. »

Mais si les nivellements de M. Picard furent plus exacts que ceux des anciens, ceux qu'on a faits depuis l'ont été encore davantage. Sa mesure de la terre étoit sans doute le plus bel ouvrage de ce genre que les hommes eussent jamais tenté; mais en déterminant l'amplitude de l'arc céleste compris entre les deux lieux dont il devoit ensuite mesurer la distance terrestre, il n'avoit pu avoir égard à l'aberration des étoiles qu'il ne connoissoit pas, et avoit d'ailleurs négligé de tenir compte de la précession et de la réfraction. De là les discussions qui se sont élevées sur la mesure de son degré: il l'avoit trouvé de 57060 t°; plusieurs savants l'ont contesté, et entre autres MM. Méchain et Delambre, qui dans ces derniers temps ont recommencé la mesure de la terre, et après sept ans de travaux ont fixé le degré à

57008 toises (1); ce qui donne les haussements du niveau apparent au-dessus du vrai plus rigoureusement que n'avoient pu le faire les opérations incompletes de M. Picard.

Les niveaux de nouvelle construction se sont aussi perfectionnés dans les grands travaux auxquels les successeurs de cet habile géometre les ont employés. Et combien ces instruments ne gagnent-ils pas encore tous les jours! celui particulièrement de M. Picard n'est pour ainsi dire plus reconnoissable, puisqu'on n'en a conservé que le fil à-plomb qui constitue essentiellement tout niveau à pendule. Cet instrument, ajusté sur un pied plus commode que le chevalet de peintre sur lequel l'inventeur l'avoit originairement établi, et tournant librement sur son centre, est devenu, entre les mains du régénérateur de l'artillerie, de feu M. de Gribeauval (2), un des plus exacts des niveaux à pendules.

(1) C'est en 1792 que MM. Méchain et Delambre ont entrepris une nouvelle mesure de la terre, embrassant un beaucoup plus grand arc du méridien terrestre que ne l'avoient fait leurs prédécesseurs, et employant aussi des instruments plus parfaits.

(2) Premier inspecteur de l'arme de l'artillerie. Pour se former une idée de la perfection que cet officier général a obtenue dans les différentes parties des mécaniques qui ont été l'objet de ses recherches, il ne faut que jeter les yeux sur les arsenaux de l'artillerie, qu'il a enrichis des machines les plus propres à simplifier et accélérer l'ouvrage, et sur les nouvelles construc-

Celui à bulle d'air, également d'invention moderne, que tant d'ingénieurs avoient successivement cherché à perfectionner, et que l'irrégularité intérieure de son tube de verre rendoit toujours sujet à erreur, a acquis, par les soins de M. de Chezy (1), un degré de sensibilité qui le rend essentiellement propre aux opérations les plus délicates du nivellement.

Nous ne pousserons pas plus loin ce parallele entre les niveaux des modernes et ceux des anciens; nous ferons seulement observer combien ce que nous venons d'en dire confirme nos réflexions précédentes sur la lenteur des progrès des arts qui supposent des instruments: réflexions sans doute peu enorgueillissantes pour l'esprit humain; car quelle distance en conception, du chorobate ou espece d'auge qui servoit de niveau aux Romains, au niveau de M. Picard, quoique ce dernier fût encore très lourd et très peu commode à transporter! Et si nous venons au niveaux modernes, quelle différence non moins frappante entre le niveau du premier mesureur de la terre (2) et ceux que nous avons actuellement entre les mains!

tions des affûts et des pieces de canon, où il est le premier qui ait porté l'uniformité, l'exactitude, et en quelque sorte l'identité de proportions.

(1) Célebre ingénieur des ponts et chaussées.

(2) Nous appelons ici M. Picard le premier mesureur de la

Telle est l'excellence de ces niveaux ingénieux (qui sans doute acquerront encore), que nous pouvons par leur secours former toutes les entreprises dont l'exécution est possible, et annoncer comme certaines et indubitables des constructions hydrauliques auxquelles nos prédécesseurs n'auroient jamais osé penser.

Au nombre de ces entreprises hardies, dont l'antiquité ne fournit point d'exemples, nous pouvons sur-tout compter ces canaux artificiels au moyen desquels, forçant les eaux à s'élever au-dessus des montagnes, ou leur frayant un passage au travers des rochers, nous ouvrons de nouvelles routes à la navigation, faisons communiquer des rivieres et des mers entre lesquelles la nature sembloit avoir mis des barrieres invincibles, et montrons, s'il est per-

terre par la supériorité de sa mesure sur celles de ses prédécesseurs. Les mesures que les anciens ont faites des degrés du méridien ne pouvoient être qu'inexactes, parceque leurs méthodes étoient sujettes à erreur, et leurs instruments fort imparfaits. Quelques modernes mêmes ont fait ces sortes de mesures d'une maniere très fautive: Fernel, médecin de Henri IV, s'est contenté d'évaluer les distances par le nombre de tours de roue que faisoit sa voiture, en tenant compte aussi, par estimation, des sinuosités des chemins: Képler a mesuré le degré du méridien par la distance de deux montagnes, etc. Nous ne parlerons pas des autres mesures, quoique dans quelques unes on ait mis plus d'exactitude, mais pas assez pour être comparée à celle d'un ouvrage qui a fait époque dans son siecle.

mis de s'exprimer ainsi, qu'il n'est de choses impossibles à l'homme que celles qu'il ne veut pas tenter.

Quoi de plus étonnant, par exemple, que le projet et l'exécution du canal du Languedoc, qui prouve à jamais notre supériorité sur tous les peuples qui nous ont précédés dans l'art du nivellement et de la conduite des eaux!

Ces canaux artificiels, absolument dus aux modernes, et sur-tout perfectionnés par les Français, ne sont pas le seul avantage que nous ayions tiré de l'art du nivellement; nous lui devons aussi la perfection de nos grands chemins, et la facilité avec laquelle nous pouvons désormais projeter et construire tous les ouvrages militaires et civils qui exigent de grands remuements ou déplacements de terre.

Un art aussi utile aux besoins de la société demandoit à être traité à fond pour l'instruction des jeunes géometres.

M. Picard fut de son temps sollicité de publier ses observations sur cet objet; mais une maladie violente l'emporta au moment où il s'occupoit à les rédiger. Ses manuscrits furent remis à M. de la Hire, qui y joignit les méthodes les plus propres à répandre dans ces sortes d'ouvrages la clarté qui en fait le principal mérite.

Nous avons aussi d'excellentes observations de M. Mariotte sur le nivellement: le seul petit reproche à lui faire c'est d'avoir tenté de remettre le chorobate en usage; non à la vérité comme l'employoient les Romains, mais toujours d'une maniere fort incommode et très peu praticable.

M. Lefevre, ingénieur du roi de Prusse, a depuis enchéri sur les ouvrages de ces savants niveleurs, et tout récemment encore les principes du nivellement ont été très nettement énoncés par un autre habile géometre du même nom (M. A. Lefevre) dans un article particulier de son Traité de l'Arpentage (Paris, an 12.)

Tant d'excellents guides sur la théorie du nivellement invitoient les praticiens à porter à la même perfection la partie de cet art qui étoit de leur ressort. L'application des regles générales aux différentes parties de la pratique, que les inventeurs nous ont laissé à développer, étoit un ouvrage qui manquoit à nos écoles.

M. Picard et tous ceux qui ont écrit après lui sur le nivellement n'avoient considéré cet art que relativement à la conduite des eaux, et n'avoient fait aucune application de ses opérations pratiques aux constructions qui exigent des remuements ou déplacements de terre, tels que sont les travaux des fortifications, des grands chemins, des turcies et levées, etc. Ainsi les ouvrages de ces maîtres de l'art n'étoient, à proprement parler, que la premiere moitié d'un grand tout qui attendoit l'autre depuis long-temps.

Je n'aurois pas osé entreprendre cette seconde partie de la pratique du nivellement si je n'avois consulté que mes forces; mais, comme je l'ai déja dit, ne doit-on tenter que des choses aisées, et y a-t-il du mérite aux travaux qui ne présentent point de difficultés à vaincre? En 1767 M. le duc de Choiseul, alors ministre de la guerre, m'invita à composer ce traité pour faire suite à celui sur la théorie et la pratique de la trigonométrie, que je venois de donner aux écoles de l'artillerie (1), à peine sorti moi-même de celle des éleves de ce corps recommandable. Flatté, comme je devois l'être, qu'on pût me croire capable d'instruire les autres dans un âge où l'on a tant de besoin de s'instruire soi-même, je cherchai à remplir la tâche honorable qui m'étoit imposée, sinon avec l'expérience qu'on ne pouvoit encore attendre de moi, du moins avec le zele qui quelquefois supplée au talent; mais au moment où je me livrois à ce travail avec le plus d'ardeur, encouragé par mes jeunes amis, au milieu desquels j'avois commencé ces applications du nivellement aux constructions de l'artillerie et du génie, la compagnie à

(1) La méthode de lever les plans et les cartes de quelque étendue, que j'introduisis à cette époque dans les écoles de l'artillerie, étoit de rapporter les objets à une méridienne et à une ligne perpendiculaire à cette méridienne, comme l'avoient fait MM. Cassini pour former les chaînes de triangles qui devoient dans la suite servir de base à la carte de la France.

laquelle j'étois attaché reçut ordre de passer en Corse. Le premier devoir d'un militaire est de suivre ses drapeaux: ne pouvant donc mettre la derniere main à cet essai, je le fis imprimer (1) tel qu'il étoit, comptant sur l'indulgence de ceux pour lesquels je l'avois entrepris, mais n'ayant nullement envie de le livrer sitôt au public. Je n'en aurois même donné que des manuscrits, si j'avois eu le temps d'en faire faire un nombre suffisant pour les écoles auxquelles il étoit destiné, et si je n'avois craint d'ailleurs les fautes dont ces sortes de copies fourmillent ordinairement. Celles qui s'étoient glissées dans ma Trigonométrie, qui n'est encore qu'en cahiers dans les écoles de l'artillerie, m'avertissoient qu'un ouvrage quel qu'il soit a toujours assez des imperfections inséparables de tout ce qui sort de la main des hommes, sans qu'il faille encore y ajouter celles qui viennent de l'ignorance ou de la mal-adresse des copistes. Imprimant donc pour n'être pas défiguré, mais n'imprimant que pour satisfaire aux ordres du gouvernement, je ne fis tirer de ce traité que le petit nombre d'exemplaires demandé par le ministre de la guerre; en sorte que cet ouvrage ne se trouve point dans le public, si ce n'est dans quelques bibliotheques nationales ou particulieres. Cette nouvelle édition n'est donc, à proprement parler, la seconde que pour l'artillerie; pour le public elle est la premiere.

(1) A Avignon, où je passois pour me rendre en Corse.

Au moment où je partois pour la Corse, M. Bezout voulut bien se charger de faire de cet ouvrage et de ma Trigonométrie l'usage auquel il les croiroit propres dans le Traité de géométrie-pratique qui nous manque; il en avoit même déja fait quelques applications dans son Cours de mathématiques, qui annonçoient de plus grands développements; mais les travaux de ce savant académicien, ses voyages comme examinateur des éleves de l'artillerie et de la marine, et sa mort, trop tôt arrivée pour les sciences, m'ont privé du plaisir si doux pour l'amitié de lui devoir la perfection que je ne pourrai peut-être point donner à mon ouvrage.

Moi-même dans la suite, entraîné par d'autres recherches, et par l'amour du métier difficile, mais si attrayant, auquel je m'étois consacré, j'avois perdu de vue ou plutôt laissé reposer cette ébauche jusqu'au temps où je pourrois la retoucher.

Voici les changements que je fais à mon Traité de nivellement, qui est celle des deux parties de mon ouvrage que je donne aujourd'hui.

Je refonds en entier et assujettis à une méthode plus simple et plus générale l'application du nivellement aux travaux des fortifications, partie essentielle de la géométrie pratique que personne encore n'avoit traitée, et qui demandoit à être présentée sous un jour propre à la mettre à la portée de tous.

Je traite aussi moins succinctement que je ne

l'avois d'abord fait la partie du nivellement relative aux projets des grands chemins; objet qui n'intéresse pas seulement les ingénieurs civils, mais les militaires, et en général tous ceux qui à la guerre sont chargés d'ouvrir des routes ou débouchés aux troupes, et particulièrement à l'artillerie qui traîne après elle de si lourds fardeaux.

Enfin j'ai cru devoir aussi donner plus d'étendue à la partie du nivellement qui enseigne à projeter et construire les canaux navigables. Bélidor étant le seul qui en eût parlé, et ne l'ayant fait qu'en grand, et plutôt en architecte qu'en ingénieur, il convenoit de reprendre cette partie de son ouvrage, et de la développer; c'est ce que font aujourd'hui des hommes également recommandables par leurs talents militaires et leurs connoissances dans tous les arts. Pouvois-je saisir une plus belle occasion de donner cette seconde édition de mon ouvrage? Et qui ne chercheroit d'ailleurs à contribuer avec ces savants distingués à rendre familiers aux Français la partie du nivellement qui apprend à ouvrir dans les différentes parties d'un grand état de nouvelles communications entre les rivieres et les fleuves qui la fertilisent, et vont porter à ses voisins le superflu de ses richesses en échange des leurs, lorsque nous voyons le chef de ce vaste empire, dont les travaux, les voyages, et les veilles n'ont pour objet que d'entretenir l'harmonie entre tous les souverains, encourager ces projets de canaux, ces jonctions de rivieres et de mers qui feront un jour de la France et des nations qui l'environnent un seul peuple uni par les liens du commerce, liens les plus réels et les plus durables entre les hommes ?

Je dois encore dire, pour achever de faire connoître les additions que je fais à mon Traité du nivellement, qu'à la suite des descriptions que je donne des niveaux les plus en usage je propose un léger changement à celui à pendule, pour rendre sa vérification par le renversement plus commode, et en général ses opérations plus sûres; ce changement consiste à ajuster la croix du niveau de M. Picard sur le pied du quart-de-cercle dont les astronomes font usage pour mesurer les hauteurs correspondantes des astres.

Je ne me borne pas non plus à simplifier et les instruments du nivellement et la maniere de s'en servir : il importoit encore aux jeunes praticiens d'avoir des moyens expéditifs de calculer les solides de déblai ou de remblai qui se rencontrent dans les terrasses. Ces calculs se sont faits jusqu'ici en décomposant les solides irréguliers en solides réguliers, et calculant chacun de ces derniers séparément. Cette marche est lente et pénible: le moyen de l'éviter seroit sans doute d'avoir une méthode de calculer immédiatement et sans décomposition tous les solides de déblai ou de remblai occasionnés par les constructions faites en terre, ou, ce qui est le même, d'assujettir à une loi unique les calculs de tous ces solides tels que la nature ou l'art les présentent. Cette méthode générale n'étant peut-être pas trouvable, j'ai cherché si du moins on ne pourroit pas décomposer un moins grand nombre de ces solides, c'est-à-dire en calculer immédiatement une plus grande quantité qu'on ne l'a fait jusqu'ici en suivant les méthodes ordinaires. Je crois avoir rempli cet objet, sinon en totalité, du moins en partie, et à ce sujet je propose quelques regles au moyen desquelles, et des formules qui en sont l'expression, on pourra calculer immédiatement et sans décomposition la majeure partie des solides de déblai ou de remblai auxquels les travaux des terrasses donnent lieu.

Je propose aussi pour les nivellements des surfaces un niveau que je crois convenir particulièrement à ces sortes de nivellements.

Cet instrument est une planchette dont l'alidade porte un niveau à bulle d'air.

Aux deux extrémités de l'alidade sont des pinules qui réunissent celles de la planchette à celles du niveau.

La table de l'instrument est susceptible de tourner librement sur son centre, de se mettre de niveau dans tous les sens, et de monter et descendre parallèlement à elle-même par des mouvements simples, sans secousses, et aussi doux que peuvent l'être ceux qui dépendent des vis de rappel, qui font tout le mécanisme de l'instrument.

Il est aisé de voir qu'avec ce niveau (qu'on peut appeler *niveau-planchette* du nom des deux instruments qu'il réunit) on peut lever un terrain et le niveler presque en même temps.

On y trouve en outre l'avantage de déterminer très promptement les déblais et les remblais que l'exécution des ouvrages en terre occasionne toujours, ce qu'on ne pouvoit trouver, en faisant usage des méthodes ordinaires, qu'après avoir fait des coupes du terrain et du projet dans tous les sens où il étoit nécessaire de les comparer; opération qui entraînoit une multitude de profils et de calculs qui ne pouvoient que jeter du désordre et de la confusion dans le travail.

On évite l'embarras de ces profils avec le niveau-planchette, ne comparant jamais aucuns nivellements particuliers entre eux; mais les rapportant toujours immédiatement à l'opération générale, et ramenant sans cesse le nivellement à un système simple et qui suit naturellement de la construction de l'instrument.

Ce n'est pas le moment de développer cette nouvelle méthode de niveler, devant la faire connoître très en détail, ainsi que le niveau-planchette, dans le cours des opérations auxquelles je les emploierai;

je dirai seulement ici que ce nouveau procédé donne en très peu de temps le plan de l'ouvrage à construire, levé, nivelé, et coté, de maniere à présenter, non les hauteurs naturelles du terrain, ce qui laisseroit encore des réductions à faire, mais les hauteurs des déblais et des remblais qu'occasionneroit le projet; en sorte qu'il n'y ait plus qu'à exécuter.

Pour ne rien laisser à desirer sur l'usage et l'utilité de cet instrument, j'en donne le plan, l'élévation, et les coupes dans le plus grand détail. Ces développements sont nécessaires pour les commençants. Il est, comme on le sait, une adresse à manier les instruments de mathématiques qui ne contribue pas peu au succès des opérations auxquelles on les emploie. Un jeune éleve est arrêté au moindre dérangement qui arrive à son niveau, s'il ne sait pas le rectifier; et il ne peut le faire s'il n'en connoît pas la construction. Cette considération m'a déterminé à ne pas seulement décrire avec soin les instruments du nivellement, mais à les présenter décomposés aux jeunes praticiens, afin que ces derniers apprennent à en saisir l'ensemble, et puissent dans l'occasion les démonter et remonter eux-mêmes: ici une heure d'expérience fait plus que vingt leçons de théorie. Ce démontage et remontage du niveau est sur-tout nécessaire, lorsque cet instrument est à bulle d'air et à lunette, pour faire voir à l'éleve les places qu'occupent l'objectif, les soies, les oculaires, les tirages, et lui apprendre sur-tout l'usage des vis perpendiculaires l'une à l'autre qui doivent lui servir à mettre les foyers des verres dans l'axe optique de la lunette.

Mêmes observations pour les vis de rappel attachées aux mouvements de la bulle (1).

Je donne aussi quelques notions sur la construction des lunettes adaptées aux niveaux.

Comme on montre à un jeune chasseur à dévisser toutes les pieces de son arme pour qu'il la connoisse, et qu'elle ne lui soit jamais funeste, de même je voudrois que la premiere leçon donnée à un jeune niveleur qu'on va charger d'une opération tant soit peu importante fût de lui faire voir, par les moyens que je viens d'indiquer, la structure mécanique de l'instrument qu'on lui met entre les mains ; outre que cela contribueroit à la justesse des opérations du nivellement, il en résulteroit aussi moins de renvois de niveaux, des départements à Paris, pour être réparés; souvent il n'y a rien à faire à ces instruments, seulement on n'a pas su centrer les soies ou verres tracés, ou l'on n'a pas entendu l'usage des vis de rappel qui servent à rétablir le parallélisme entre la ligne de mire de la lunette et la ligne horizontale indiquée par le niveau.

(1) Je n'entre point dans ces détails pour les niveaux, dont je ne parle que pour en montrer les défauts.

Je ne pousserai pas plus loin cette introduction à l'ouvrage que je vais soumettre au public : tel qu'il est je crois qu'il peut être utile, parcequ'il est le premier où l'on traite de l'application du nivellement aux travaux des fortifications, des ponts et chaussées, des canaux, et autres ouvrages de ce genre, et qu'il peut mettre de bons ingénieurs sur la voie de développer avec plus d'habileté des principes que je n'ai que posés, et peut-être seulement entrevus.

Si j'ai ouvert la carriere; si j'ai inspiré à d'autres le desir d'aller plus loin que moi, j'aurai cueilli une palme assez belle. Il seroit plus glorieux sans doute de finir que de donner à faire; mais je suis citoyen, et par quelque endroit que je serve ma patrie, je ne calcule pas qui mérite le plus, de l'architecte qui termine l'édifice que demandoient les besoins de tous, ou de celui qui en fournit les matériaux, et les donne à polir à des mains plus heureuses.

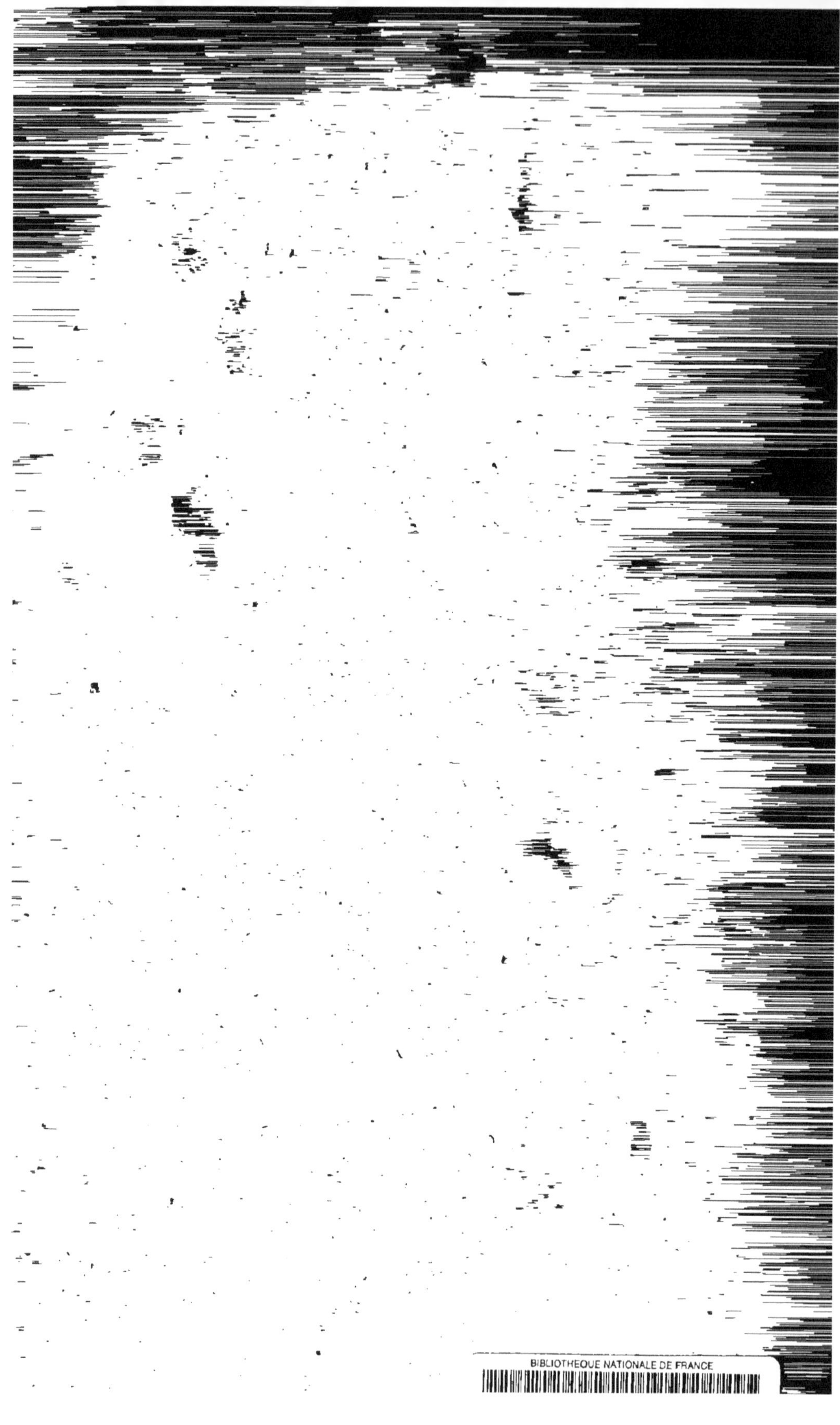

www.ingramcontent.com/pod-product-compliance
Ingram Content Group UK Ltd.
Pitfield, Milton Keynes, MK11 3LW, UK
UKHW012111240726
13965UKWH00004B/1709

9 782013 481168